# 왜 손을 씻어요?

# 왜 손을 씻어요?

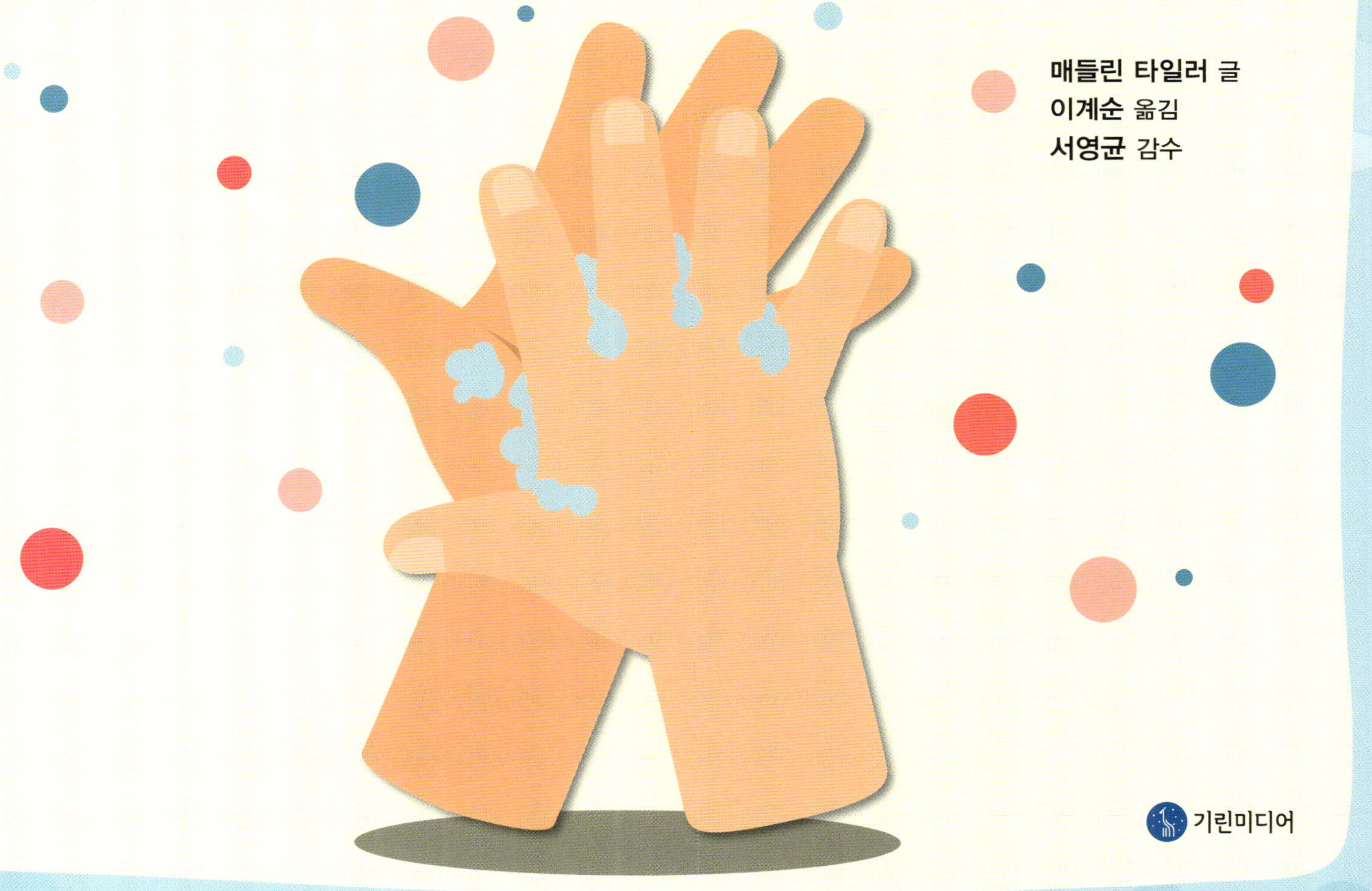

매들린 타일러 글
이계순 옮김
서영균 감수

기린미디어

# 차례



이렇게
밑줄이 그어진
단어의 뜻은
26쪽에 있어요.

# 고마운 손

우리는 손으로 물건을 만져요. 물건을 밀거나 잡아당기기도 하고 다른 곳으로 옮기기도 하지요. 우리가 하루 동안 손으로 얼마나 많은 물건을 만질까요?

문을 열어요.

장난감을 갖고 놀아요.

스마트폰을 해요.

음식을 먹어요.

# 손이 얼마나 깨끗한가요?

자, 손을 들어서 한번 보세요. 깨끗한가요?

오늘 어떤 물건들을 만졌나요? 그 물건들은 전부 깨끗했나요?

# 세균이란?

세균은 너무 작아서 눈으로 볼 수 없어요. 세균은 대부분 우리에게 해를 끼치지 않아요. 하지만 우리 몸에 들어와서 병을 일으키는 세균도 있지요.

세균은 우리 피부와
물건의 겉쪽에도 살아요.

우리가 손으로 이 물건 저 물건 만질 때, 세균도 이쪽에서 저쪽으로 옮겨 갈 수 있어요. 아픈 사람의 몸에서 나온 세균은 다른 사람도 아프게 할 수 있지요.

# 감기와 기침

감기에 걸려서 몸이 옥신옥신
아픈가요? 병을 일으키는 세균이
우리 몸에 들어왔나 봐요.

세균이 떠돌아다니던 공기를
들이마셨을지도 몰라요. 세균이
묻은 더러운 손으로 음식을 먹거나
얼굴을 만졌을지도 모르고요.

기침이나 재채기를 할 때, 또는 물건을 만질 때 세균은 여기저기로 막 퍼져 나가요. 그래서 감기에 걸린 사람은 주위 사람들에게 감기를 쉽게 옮길 수 있어요. 절대 일부러 한 건 아니지만요.

# 손을 왜 씻어야 할까요?

몸이 좀 아픈 것 같으면 손을 자주 씻어야 해요. 손이 아무리 깨끗해 보이더라도요.

비누로 씻으면 눈에 보이지 않는 세균도 전부 없앨 수 있어요.

비누로 꼼꼼하게 30초 이상 씻어야 해요. 그래야 손을 구석구석 깨끗이 씻을 수 있어요.

# 언제 씻어야 할까요?

손을 꼭 씻어야 할 때가 있어요. 비누칠하는 것도 잊지 말아야 하지요.
다음과 같은 일을 하기 전에는 꼭 손을 씻어야 해요.

다음과 같은 일을 한 다음에는 손을 꼭 씻어야 해요.

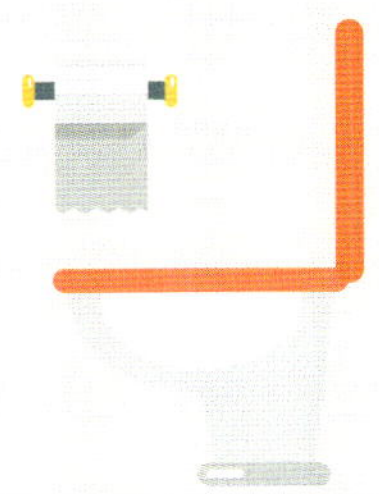

화장실에
다녀왔어요.

동물을
만졌어요.

밖에 나갔다
왔어요.

놀이터에서
놀았어요.

더러운 걸
만졌어요.

기침이나
재채기를 했어요.

아픈 사람 옆에 있었어요.

씻어야 할지 말지
망설여진다면
손을 씻어요!

# 올바른 손 씻기

손만 제대로 씻어도 세균이 퍼지는 것을 막을 수 있어요. 그럼 어떻게 씻어야 하는지 한번 알아봐요.

손에 물을 묻힌 뒤 비누 거품을 충분히 내요.

손바닥을 마주 대고 문질러요.

손등과 손바닥을 대고 문질러요.

**4** 

손깍지를 끼고 손가락
사이를 문질러요.

**5** 

한 손으로 다른 손 엄지
손가락을 문질러요.

**6** 

손톱 밑을
깨끗하게 씻어요.

**7** 

손목도 잊지 말고
문질러요.

**8** 

흐르는 물에
손을 헹궈요.

**9** 

깨끗한 종이 수건으로
손을 닦아요.
그 종이 수건으로
수도꼭지를 잠가요.

# 손을 건강하게

손을 깨끗하고 건강하게 지키려면 다음과 같이 해요.

손톱 밑에 사는
세균도 있어요.

손톱을 항상 짧게 깎아
손톱 밑에 때가 끼지
않도록 해요.

손톱이 길어지면
어른에게 깎아 달라고 해요.

# 재채기 예절과 손 소독제

손 씻는 습관은 우리가 병에 잘 걸리지 않게 해 줘요. 이런 건강한 생활 습관은 또 있어요.

기침이나 재채기가 나올 때 얼른 옷소매나 휴지로 입을 가려요. 이렇게 하면 세균이 멀리 퍼져 나가는 것을 막을 수 있어요.

재채기를 할 때 입을 막았던 휴지는 쓰레기통에 버리고 손을 씻어요.

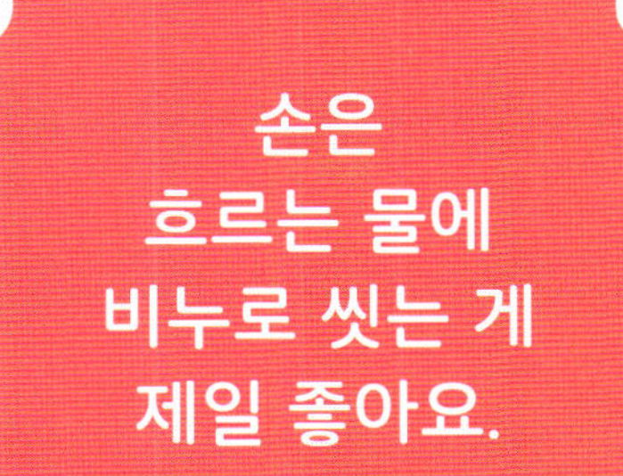


하지만 비누와 물이 없다면, 손 소독제로
손을 씻어요.

손 소독제를 손바닥에 충분히 덜어 낸
다음, 손과 손톱, 손목에 골고루
문질러요.

# 세상에, 이럴 수가!

손에서 몇 시간이나
살아남는 세균도 있어요.
손을 씻지 않으면 말이죠.

손으로 세균
수백만 개를
옮길 수 있어요

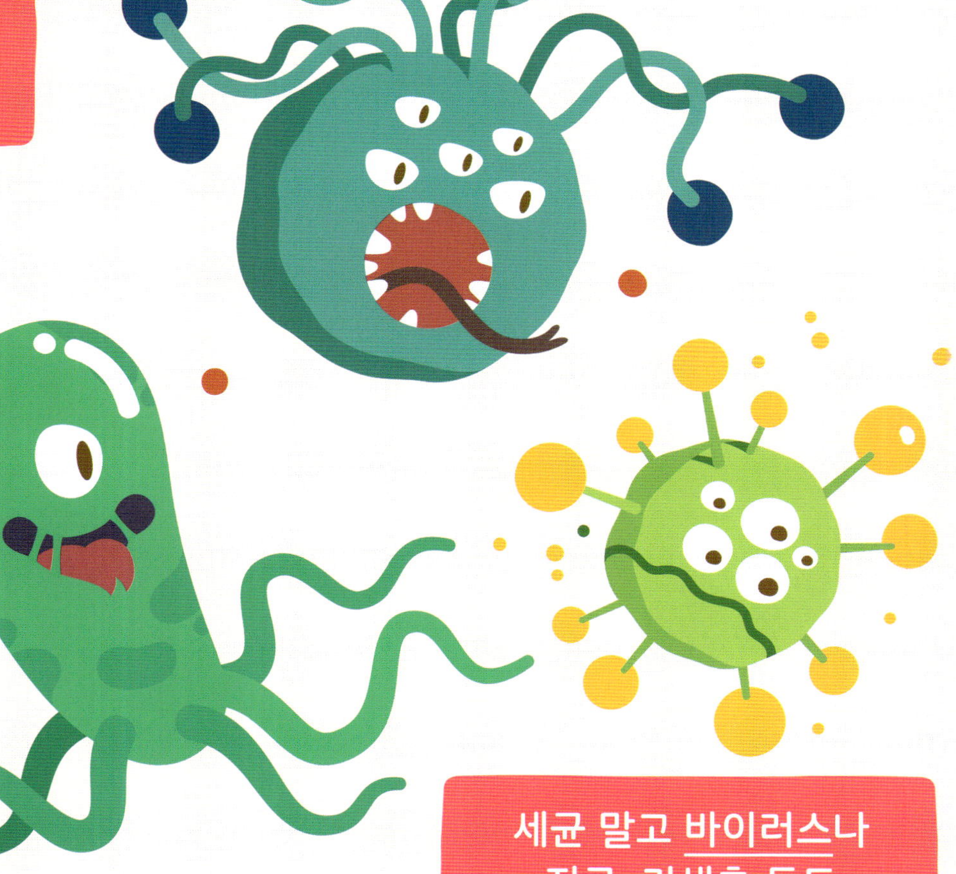

세균 말고 바이러스나
진균, 기생충 등도
우리 몸에 병을 일으켜요.

# 깜짝 퀴즈

아래의 일들은 이 일을 하기 전에 손을 씻어야 할까요? 아니면 하고 나서 손을 씻어야 할까요?

[정답] 1. 하고 나서   2. 하기 전에   3. 하고 나서   4. 하기 전에

# 무슨 뜻일까요?

**기생충**
24쪽

우리 몸속에 살면서 영양분을 빼앗아 가는 작은 생물이에요.

**바이러스**
24쪽

동물이나 식물 등의 생물에 붙어살면서 그 생물을 병들게 하는 아주 작은 입자예요. 세균보다 작아요.

**보습제**
20쪽

피부가 마르는 것을 막기 위해 바르는 로션이나 크림 같은 것을 말해요.

**손 소독제**
22, 23쪽

병이 옮는 것을 막기 위해 손에 있는 병원체를 죽이는 데 쓰는 제품이에요. 병원체는 우리 몸에서 병을 일으키는 세균, 바이러스, 진균, 기생충 등을 말해요.

**세균**
10-14, 18, 21, 22, 24쪽

다른 동물이나 식물에 붙어살면서 병을 일으키거나 발효 작용 등을 하는 작은 생물이에요. 박테리아라고도 해요.

**진균**
24쪽

동물이나 식물 등의 생물에 붙어사는 작은 생물이에요. 곰팡이나 효모 같은 것이 있어요.

삐뽀삐뽀 우리 몸

## 왜 손을 씻어요?

**초판 1쇄 발행** 2021년 5월 25일 | **초판 2쇄 발행** 2022년 6월 22일
**글쓴이** 매들린 타일러 | **옮긴이** 이계순 | **감수** 서영균
**펴낸이** 홍성우 | **책임 편집** 이정은 | **디자인** 박두레
**펴낸곳** 기린미디어 | **등록** 2016년 4월 26일 제 409-2016-000009호
**주소** 경기도 김포시 모담공원로 17
**전화** 0505-302-2381 | **팩스** 0505-300-2381 | **전자우편** girinmedia@daum.net

ISBN 979-11-91142-24-2  74470
　　　 979-11-91142-11-2 (세트)


*책값은 뒤표지에 표시되어 있습니다.

*파본이나 잘못된 책은 구입하신 곳에서 바꿔드립니다.

**품명** 아동 도서 | **사용연령** 5세 이상 | **제조국** 대한민국 | **제조년월** 2022년 6월 22일 | **제조자명** 기린미디어
**연락처** 0505-302-2381 | **주소** 경기도 김포시 모담공원로 17
**주의사항** 종이에 베이거나 긁히지 않도록 조심하세요. 책 모서리가 날카로우니 던지거나 떨어뜨리지 마세요.
KC마크는 이 제품이 공통안전기준에 적합하였음을 의미합니다.

글쓴이 매들린 타일러
대학에서 비교 문학을 공부했습니다. 출판사에서 편집자로 일하며 작가로도 활동하고 있습니다. <몬스터 수학> 시리즈를 비롯한 수십 권의 어린이 교양 도서를 썼습니다.

옮긴이 이계순
서울대학교를 졸업했고, 인문사회부터 과학에 이르기까지 폭넓은 분야에 관심을 갖고 공부하는 것을 좋아합니다. 좋은 어린이·청소년 책을 우리말로 옮기는 일에 힘쓰고 있습니다. 옮긴 책으로 《캣보이》, 《1분 1시간 1일 나와 승리 사이》, 《말똥말똥 잠이 안 와》, 《지키지 말아야 할 비밀》, <공룡 나라 친구들 시리즈(전11권)> 등이 있습니다.

감수 서영균
서울대학교 의과대학을 졸업한 의학박사, 가정의학과 전문의입니다. KBS <생로병사의 비밀>, 채널A <나는 몸신이다> 등 다수의 프로그램에 출연했습니다. 현재 한림대학교 성심병원 가정의학과 교수입니다.